阿诺的数学王国历险记
木偶家族

张顺燕◎主编　　纸上魔方◎绘

吉林科学技术出版社

图书在版编目（CIP）数据

木偶家族 / 张顺燕主编. -- 长春 : 吉林科学技术
出版社，2022.11
（阿诺的数学王国历险记）
ISBN 978-7-5578-9396-5

Ⅰ. ①木… Ⅱ. ①张… Ⅲ. ①数学－青少年读物
Ⅳ. ①O1-49

中国版本图书馆CIP数据核字(2022)第113526号

阿诺的数学王国历险记　木偶家族
A NUO DE SHUXUE WANGGUO LIXIANJI　MUOU JIAZU

主　　编　张顺燕
绘　　者　纸上魔方
出 版 人　宛　霞
责任编辑　郑宏宇
助理编辑　李思言　刘凌含
封面设计　长春美印图文设计有限公司
制　　版　长春美印图文设计有限公司
幅面尺寸　167 mm×235 mm
开　　本　16
印　　张　7
字　　数　100千字
印　　数　1-6 000册
版　　次　2022年11月第1版
印　　次　2022年11月第1次印刷

出　　版　吉林科学技术出版社
发　　行　吉林科学技术出版社
地　　址　长春市福祉大路5788号出版大厦A座
邮　　编　130118
发行部电话/传真　0431-81629529　81629530　81629531
　　　　　　　　　　　81629532　81629533　81629534
储运部电话　0431-86059116
编辑部电话　0431-81629518
印　　刷　吉广控股有限公司

书　　号　ISBN 978-7-5578-9396-5
定　　价　32.00元

序言

新蜂王阿诺诞生于自由、幸福的蜜蜂王国。这一天，可恶的大马蜂入侵了它们的家园，打破了这里的宁静。

在与大马蜂的战斗中，蜜蜂王国硝烟四起，蜜蜂们死伤无数，老蜂王也在这场战斗中身受重伤，眼看着蜜蜂王国就要被毁灭了。

危急关头，老蜂王嘱托阿诺，只有找到传说中的勇士之心才能拯救蜜蜂王国，而寻找勇士之心的路途上险象环生，还要破解一道道数学难题。

作为新蜂王的阿诺，毅然肩负起重任，扇动着稚嫩的翅膀，踏上了寻找勇士之心的旅途。一路上，阿诺解救了很多为魔法所困的昆虫，并与这些昆虫成为要好的朋友，大伙儿齐心协力破解了一道道数学难题，然而前路依旧坎坷且充满艰辛，又有多少新的数学难题等待着它们呢，阿诺和它的昆虫朋友能成功吗？

让我们拭目以待吧！

阿诺

虽然看起来穿着普通，但腰间的黑条纹透露出它身份的不一般。尽管在寻找勇士之心的道路上充满了艰难险阻，但它凭借自己的智慧和力量，取得了成功，是跟一切正义过不去的黑天牛最不敢轻视的对手。

迪宝

一只曾经被困在界碑里的金龟子，家乡在神奇的空中之国仙子岩。它生来就能够掌控能量之泉，虽然有点胆小，个头也不是那么高，但内心却充满正义的力量。

木棉天牛麦朵

可爱的木棉天牛，别看它的样子普普通通，性格温和，身份可不一般，是一位手艺高超的木偶工匠，能操纵一群可爱的小木偶。它总是和叶虫红贝克结伴而行，是阿诺得力的帮手。

红贝克

一个模样很像叶子的家伙，而且是谁都不会在意的叶子。它的古怪外貌，让人觉得它脾气火暴，它还总是穿一件大披风，腰上藏着一把大刀，那模样看起来好像在说，要是得罪了它，可有的瞧了。

巨木偶贝帝

模样像个超大号的稻草人，眼睛还会放蓝光，着实不好惹。所有人只知道自从它被一股强大的能量控制后越变越坏，却没有人发现在它的大脑里，藏着操纵发条的九头蜥蜴……

护钟精灵

可爱的森林精灵，身上的裙子衬托得它更加美丽。森林精灵虽然很正义，也勇敢，有时候却很糊涂，要不是上了黑天牛的当，受到九头蜥蜴的欺骗，它也不会稀里糊涂地让森林大钟受到攻击，使时间乱了套，大地生灵涂炭。

目 录

扫码可得

本书精品配套资源
你的数学学习随身课堂

 本书在线服务

★本书配套音频

读书原来可以这么有趣！

★数学单位课堂

应用在生活的方方面面！

★数学学习方法

掌握方法才是重中之重！

★课后故事随身听

睡前故事带你放松一下！

 在线读书工具

☑ 读书打卡册：培养阅读习惯好方法！
☑ 读书交流圈：阅读交流分享好去处！

扫码获取配套内容

第1章

木偶出逃

（复式统计）

蜂王阿诺收到一封怪信，信是叶虫红贝克寄给它的，只见上面写道：

叶虫家族世代居住的木偶城发生了变故，你们肯定不相信，那些枝条与树叶编织而成的木偶，一夜之间全都出逃了，找了几天几夜，还是没有一丁点下落。如果只是这样，还不会引起我们的恐慌。

（读到这里，信上有泪水浸过的痕迹。）

木偶城库房的金币全不见了，还失踪了好几个居民。

求你们快来帮助我们。

看样子，情况十分紧急，阿诺找到金龟子迪宝，两个伙伴在半路上遇到了急急赶路的木棉天牛麦朵，它也刚收到红贝克的来信。

到达木偶城所在的位置，它们惊讶地发现，整座城堡几乎变成了一堆焦黄的枯叶。

"我在这里！"

　　听到熟悉的声音，阿诺连忙俯冲下去，在枯叶的缝隙里，发现了模样狼狈的红贝克。

　　"木偶出逃，带走了世代滋养木偶城的能量泉。"红贝克的身体在不断地抽搐，仿佛在承受巨大的痛苦，"从能量泉离开的那一刻起，这绿叶筑造的木偶城，就一天天枯黄下去。用不了多久，整座城堡就会坍塌。昨晚的一阵大风吹倒了不少房屋，将我们压在里面，我的胳膊要断了。"为了救出苦苦挣扎的伙伴，金龟子迪宝和蜂王阿诺开始想办法。

　　现在，最主要的工作不是去寻找逃走的木偶，而是拯救叶虫家族。

　　经过一番商议，迪宝绘制出这样的表格：

日期	第一天	第二天	第三天	第四天	第五天
拆叶数	1500片	1600片	1300片	1700片	1600片
用时	9小时	9小时	6小时	8小时	7小时
日期	第一天	第二天	第三天	第四天	第五天
拆叶数	1500片	1500片	1200片	1600片	1700片
用时	9小时	9小时	5小时	8小时	7小时

　　"这是什么？"红贝克小心翼翼地观察着，想从中找到那线神秘的生机。

　　"是简单做出来的复式统计表。"迪宝说，"把统计数据填写在一定格式的表格内，用来反映情况、说明问题，这样的表格就叫作统计表。它一般分为表格外和表格内两部分。表格外部应包括表的名称、单位说明和制表日期；表格内部应包括表头、横标目、纵标目和数据四个方面。"

　　"可是，这跟我们又有什么关系呢？"老叶虫匠人一脸狐疑之色。

　　"这张表能很快地救出你们。但想利用它，首先要收集数据，再整理数据。要根据制表的目的和统计的内容，对数据进行分类，"迪宝说，"还要设计草表，要根据统计的目的和内容设计分栏格内容、分栏格画法，规定横栏、竖栏各需几格，以及每格长度。到正式制表时，要把核对过的数据填入表中，并根据制表要求，用简单、明确的语言写上统计表的名称和制表日期。"

　　"能告诉我什么是复式统计表吗？"老工匠还是不相信眼前的几个家伙能够拯救自己的家族。

　　"统计表由单式统计表、复式统计表和百分数统计表组成，其中最重要的就是复式统计表。想要制表，我们还得记住以下几点：

　　"1.把两个或两个以上有联系的单式统计表合成一个统计表，这个统计表就是复式统计表。

"2.观察、分析复式统计表要先看表头，弄清每一项的内容，再根据数据进行分析，回答问题。"

"听你这么说，这表看起来就一目了然了。"蜂王阿诺欣喜地叫道，"第一个表上的工作量归我，第二个表上的工作量归你。第一天，我们的工作量一样多。第二天，我多出100片，你少100片，做完之后就负责去勘探周围的地形。以后，每天我们谁的工作量少，就去观察周围的地势，照顾受伤的叶虫家族成员。"

"小心！"

阿诺躲过暗中飞来的一团蓝光。

它落到城堡的一个窗口，接着爆炸了，里面传出叶虫的惨叫声。

伙伴们不禁吓出一身冷汗。

阿诺知道不能再耽误下去，得赶快救出所有的城堡居民，否则还会发生灾难。

　　它边扑到木偶城的城墙上边大吼："这些巨大的叶片十分坚固，但以我们的力量，每天摘除这些叶片，用五天的时间，一定能将整座木偶城重要的墙壁都打开，将所有的叶虫救出来。"

　　阿诺、迪宝和麦朵，一面提防随时可能出现的危险，一面投入工作当中。

　　它们发现，森林里危机四伏，可怕的木偶神出鬼没，躲在暗中偷袭，可是追上去，却又全无踪迹。

　　"小心！"如果不是迪宝一把推开，阿诺的胸口就被一根锋利的树枝射穿了。

　　它们拾起树枝，发现上面写道：

　　远离木偶城。

　　木偶城将归木偶家族所有。

　　不断有被救出的叶虫莫名失踪，但凶手一点痕迹都没留，气氛变得恐怖极了。

　　阿诺和迪宝只好更加小心，加快拆墙的速度。

　　可是，等到它们奋不顾身地将所有的叶虫都拯救出来时，转身却发现，那些被救出的身受重伤、刚才还在不断呻吟的叶虫，突然都不见了踪影，只有惨叫声四起的森林。这预示着一场惊心动魄的大营救即将开始……

第 2 章
洞牢钟声
（求平均数）

蜂王阿诺与金龟子迪宝还有叶虫红贝克和木棉天牛麦朵，疯狂地奔走在森林里，寻找着叶虫家族成员的下落。

走到一个山洞前时，在藤萝掩盖的洞口，一个黑影一闪就不见了。

"是木偶塔提。"红贝克尖叫道，"它是我爸爸最喜爱的一个木偶，原来一直被锁在爸爸的水晶箱子里。"

"木偶本来没有生命，它们是怎么活过来的？"阿诺不禁思考起来，它抬起头，看向云雾中不正常的蓝色，"说不准，邪恶魔法也浸染了这片树林，我们得小心点儿……"

伙伴们小心翼翼地钻进山洞。

刚进入洞里，它们就不知被什么东西罩住了。

仔细一看，红贝克惊叫道："这是爸爸的水晶箱子，我们被关进箱子里了。"

它们慌乱地抬起头，此时，在透明的箱子外面，一个巨大无比的木偶正俯身看着它们。

这木偶浑身冒着蓝光，语调十分古怪："我们受够了做任人摆布的木偶。我们要有自己的王国，不再被卖到天涯海角，呜呜……我的小豆豆。"

"它在哭它的儿子。"红贝克呆呆地盯着巨木偶贝帝，"它原来是矗立在木偶城广场上的大木偶。爸爸曾编织出一个小木偶放在它脚边，给它做伴。可是由于一场大火，小木偶不幸被烧成了灰烬。"

红贝克说："你们知道吗？我们的城堡之所以叫木偶城，是因为叶虫家族世代以制作木偶为生。我们将木偶卖到森林里的各个昆虫王国，换取丰厚的报酬，这让我们一直过着富足的生活。没想到，它们现在居然有了生命。"

没等红贝克再说下去，巨木偶贝帝提起水晶箱子，来到一排黑色的小门前。

只见九扇小门这样显示：

1	2	3	4	5	6	7	8	9
18	25	32	30	28	28	22	20	16

"第一扇小门里，关押着18只叶虫。"巨木偶贝帝说。

"我们憎恨叶虫。"黑暗中的几个小木偶这样吼道。

"它们是残次品，每隔一段时间，就会被集中销毁。"红贝克趴在箱壁上，语调听起来有点惊慌。

"门上面是门牌号，下面是每一个房间关押着的叶虫数量。"巨木偶贝帝边说边将几只叶虫投到对面的三扇小门里。

1	2	3
16	28	34

巨木偶贝帝说："这三扇小门里的家伙最淘气，总想着把我们捉回去。用不了多久，房间天花板上的搅拌机就会自动启动……哈哈，我的主人想喝的昆虫饮料，就制作好了。"

巨木偶贝帝哼着小曲走了。

"这家伙一定受到了邪恶魔法的控制，"迪宝叫道，"只有邪恶黑天牛和它的兄弟九头蜥蜴，才会残忍到喝昆虫饮料。"

"现在，我们得想办法逃出去。"阿诺寻找着开门的机关。

"别费心思了，"木偶塔提走过来，隔着门对里面喊道，"只有知道这三扇门里叶虫数量的平均数，才有希望把牢门打开。"

迪宝虽然没找到门锁，却在门的顶端发现了一个木偶形状的小钟。它刚要触摸，红贝克就尖叫着扑了上来："这木偶钟是爸爸制造的，里面有机关，敲几下，脚下的机关就会开启，由滑道滑入木偶制作工厂去。在这里竟然也有——说不准脚下会出现什么可怕的陷阱。"

迪宝吓出一身冷汗，连忙缩回手。

门外的塔提也冷笑起来："你们说得一点儿也不错，如果敲错了，脚下出现的将是针尖陷阱。我们的新主人正想将你们穿成肉串烤着吃呢。"

它的话令牢里的昆虫个个浑身发抖，冷汗直流。

阿诺知道只有冷静，才能拯救大家。

经过一番苦思冥想，它心中有了答案："我看这跟数学当中的平均数知识有关。我们经常用各科成绩的平均分数来比较同伴之间成绩的高低，求出各科成绩的平均数的过程就是求平均数。平均数在日常生活和工作中应用很广泛，例如，求全班同学的平均身高，求某天的平均气温，等等。"

"你说得没错，"迪宝说道，"但想要好好地掌握求平均数的方法，我们得记住以下公式：

"总数量 ÷ 总份数 = 平均数

"解答平均数问题的关键，是要确定'总数量'以及与'总数量'相对应的'总份数'，然后用总数量除以总份数，求出平均数。"

"别傻了，这怎么能算出答案？"木偶塔提一脸轻蔑地叫道。

原本充满希望的麦朵一听，失望极了。

阿诺却微笑道："根据上面的公式计算，这三个房间叶虫的总数是16+28+34=78，三个房间叶虫的平均数就是78÷3=26。"

它刚要伸手摸钟，门外的塔提又开口了："哼，你居然算对了！现在就敲钟吧，不过你们的牢门一被打开，对面的所有牢房，就会开启机关……嘿嘿，好好想想它们的处境吧。"

"告诉我们解救的办法！"阿诺叫道。

"你们得将对面1、2、3号三个房间人数的平均数，跟你们这边牢房人数的平均数进行对比，看看你们这边三个房间人数的平均数，是不是比对面三个房间人数的平均数多，多出了几个，就敲几下，所有牢房的门自然开启。"塔提说道。

接着，大伙儿听到塔提喃喃自语，语气听起来十分苦恼："虽然我

有了生命，可一直算不出这道难题，是我的脑袋太笨吗？"

　　趁着它自言自语时，迪宝已经分析起来："对面的1、2、3号房间，总人数是18+25+32=75，三个房间的平均人数是75÷3=25。我们这边三个房间的平均人数是26，所以，多出了1个。"

　　真的只敲一下吗？

　　经过反复计算，迪宝和阿诺终于颤抖着双手，摸向木偶钟。

当一声钟声敲响后不久，所有牢房的门果真都开启了。

重获自由的伙伴们谁也没想到，这居然是小木偶塔提的诡计，它只是想知道这道难题的答案。当所有人满怀信心地冲出牢房时，突然，它们脚下的泥土坍塌，探出了无数根可怕的茎蔓。

第 3 章

朝拜月亮的曼陀罗

（年月日问题）

扫码领取

· 本书配套音频
· 数学单位课堂
· 数学学习方法
· 课后故事随身听

迪宝、阿诺、红贝克与麦朵被茎蔓缠住，当茎蔓分泌出黏稠的毒液后，它们眨眼间就失去了活动能力。

四个伙伴放弃挣扎后，就听到周围传来一阵哭声。

"这是什么地方？"阿诺眼前一片黑暗，它什么也看不清楚，空气闷得可怕，还有古怪的味道，闻上去只感到头重脚轻，令人昏昏欲睡。

"我们被困在曼陀罗花的花苞里。"不远处传来迪宝的说话声，"我在时间森林里见过这种花，它们是不吃昆虫的。不过，现在它们也许被施了邪恶魔法，所以才会用花苞捉住昆虫包起来，为即将开放的花苞提供养分。等到我们的身体完全被花蕊吸干营养，花就要开放了。"

一束微光从不远处射来。

"啊，一朵花开放了。"迪宝怕得语调都变了，它透过花苞的缝隙

看到有几片昆虫的翅膀残骸在空气中四散而去。

听到迪宝的话，周围的哭声更响亮了，小勇士们与叶虫家族正面临着灭顶之灾。

"还有救。"迪宝突然回想起吉西长老的一句话，于是说道，"不管曼陀罗花的花苞是否吸足了养分，只要到了2月29日这天，它们都会竞相开放，朝拜月亮。"

这真是太古怪了！

更古怪的是，2月还有29日。

听到这杂乱的议论声，迪宝却说："在日常生活中，有一些数字会按一定的规律重复出现，例如，人的十二生肖，一年有春夏秋冬四个季节，一个星期有七天，等等。像这些问题，我们称为'简单周期问题'，这一类问题一般要利用余数的知识来解答。所以，这就要求我们仔细审题，寻找其中重复出现的规律，也就是找出循环的固定数，然后

利用除法算式求出余数，最后根据余数得出正确的结果。解答周期问题的关键是找规律，找出周期。确定周期后，用总量除以周期，如果正好有整数个周期，结果为周期里的最后一个；如果比整数个周期多n个，那么为下个周期里的第n个；如果不是从第一个开始循环，可以从总量里减掉不循环的个数后，再继续算。"

"可是你还没说，我们究竟要怎么推算。"红贝克叫道。

"2月当然有29日，但四年才有一次。"迪宝说。

阿诺以为迪宝被曼陀罗花的毒液麻醉了，在说疯话，但继续听下去，它却觉得非常有道理。

"我之所以说四年才有一次，"迪宝叫道，"是因为闰年的关系。"

"闰年？"红贝克说，"平常，一个月不就只有30天或者31天吗？30天的叫小月，31天的叫大月，闰年的月份又是怎么排列的？"

"如果不是闰年，就被称为平年。"迪宝说，"平年的2月只有28天，闰年的2月有29天，但闰年要四年才出现一次。"

由于不知道今年是平年还是闰年，迪宝非常着急，它想透过花苞朝外窥视，无奈的是，曼陀罗花只开放了一朵，花瓣所放射出的蓝光实在有限，不足以照亮黑暗。

"又开了一朵。"

"这里还有一朵。"

接二连三的曼陀罗花在绽放，每开一朵，就意味着有一只不幸的昆虫已经死去。如果再这样下去，刚被关进来的叶虫家族和迪宝、麦朵、阿诺也将遭遇不幸。

"石壁上有日期。"麦朵好不容易将一只小拳头捅到花苞外面，由于空隙大了，它发现墙上有一个洞穴，洞穴外面的月亮正渐渐明亮，映照出壁口的几个字，正显示今年是闰年，而今天正是2月29日。

伙伴们高兴极了。

它们在黑暗中耐心地等待着，忽然，所有的花苞都绽开，舞蹈一般将花蕊扭向月光，朝拜月亮。面对这四年才有一次的机遇，所有的昆虫都展开翅膀，顺着洞口逃到了外面的丛林里。

第 4 章

被捉弄的护钟精灵

（时钟问题）

- 本书配套音频
- 数学单位课堂
- 数学学习方法
- 课后故事随身听

扫码领取

这片树林与其他地方不一样。

飞到这里的阿诺发现，脚下没有草丛，而是一个木板钉成的大型的圆台，圆台的四周有宝石镶嵌成的数字，

正好是一圈，中间还有三根利箭一样的针，两根长，一根短。

迪宝和麦朵叫道："脚下是一个大钟。"

大钟四周爬满了曼陀罗花的枝蔓，它们突然闭合，将钟完全包裹，看起来像一个巨大的鸟笼。置身其中，阿诺又是撞击，又是用嘴啃咬，枝蔓渗出的毒液，很快便让它跌落到钟面上。

嘀嗒……

嘀嗒……

随着钟面的三根针不停地行走，曼陀罗花毒液分泌的速度在变快，从上而下滴滴答答落下，越来越密集。

"再不逃出去，我们就没命了。"迪宝只感到身子越来越麻木，张不开翅膀，也迈不动脚步。

如果它吸入过多的毒液，就只有死路一条。

正当所有的叶虫慌不择路地四处躲避，不让滴下来的毒液落到自己身上时，钟面的时针里，突然升起一股淡红色的烟雾，从烟雾里钻出一个小精灵。

它摇摇晃晃地转了一圈又一圈，当看清眼前有如此多的陌生人时，吓了一跳："你们竟然敢践踏我的森林之钟！"

红贝克一听，顿时吓得双腿发软。

森林之钟是这片森林里的守护神，只要钟不停地走下去，森林里的一切生灵就生机盎然。如果有一天钟停止了，万物将枯死，河流也要干涸在地表之下。

听了闯入者跑到这里的原因，护钟精灵使劲地摇晃脑袋："我只记得早晨6点，有一个巨大的木偶走过来问路，我给它指明路线后，它指着森林之钟说了一句：'你看现在是凌晨3点，你该睡觉了。'突然

一道蓝光从它的眼中射向我，顿时天空黑暗下来，之后我就什么都不知道了。"

透过曼陀罗花，阿诺他们发现，周围的树木更高了，叶子也大得十分可怕，草地上出现了许多食人花……

护钟精灵跳起来："现在几点了？"

"我们进来时，时针指向2点，所以从钟面来看，现在应该是下午2点。"迪宝说。

"现在，天空有月亮，怎么可能！"护钟精灵叫道，"一定是那可恶的木偶，拨动了我的钟——你必须知道，我现在被困了几小时，我要将错误的时间纠正过来，这片森林才会恢复往日的生机。"

"巨木偶贝帝在向你问路时，已经利用邪恶魔法改变了钟当时的时间，也就是改为凌晨3点钟。"迪宝分析道，"而此时，钟面上显示的时间是下午2点钟。"

"这能说明什么？"护钟精灵问。

"这跟数学的钟表问题有关，"迪宝说，"首先，我们得认识时间。钟面上被平均分成12个大格，每个大格又被分成相等的5个小格，这样钟面上一圈共有60个相等的小格。时针走1大格的时间是1小时，分针走1小格的时间是1分钟，秒针走1小格的时间是1秒。

"指针速度比是，时针：分针：秒针=1：12：720。秒针走一圈是60秒，分针走一圈是60分，时针走一圈是12小时。当时针走过一个数字时，分针就走了一圈，即1小时=60分。当分针走过一小格时，秒针就走了一圈，即1分等于60秒。相同时间内指针所走的路程的比等于指针速度比。"

"不要啰里啰唆说那么多，难道你要教一个护钟精灵认识钟表？"护钟精灵听得不耐烦了。

"我是想说，"迪宝抹了一把额头上的汗珠，"从凌晨3点钟开始，到现在钟面显示的下午2点，已经过了11小时。一天之内，钟表上的时针一共要走两圈，一共24小时，用24时计时法来计时的话，下午2点就是12+2=14（点），14-3=11（小时），你沉睡了11小时。"

护钟精灵茅塞顿开："从我早晨6点遇到大木偶到现在已经过去了11小时，那么现在的时间是6+11=17（点），也就是下

午5点。"

当它将时间调正确时，天空突然亮了，森林里奇奇怪怪的食人花，顿时在蓝雾中消失，变回了普通的花草；刚刚成形的食人怪兽，也都变回小兽，逃回自己的巢窝。

正在贪婪地吸收月光精华的曼陀罗花，被强烈的太阳光一照，顿时枝枯叶烂，逃回了深深的地洞里。

当伙伴们和所有的叶虫从大时钟上走下来后，森林之钟像粘贴画一般，"吱吱"地发出叫声，从地上跳起，摆脱掉钟背上诡异根茎的拉扯，飘向天空，回归到森林里最古老的一棵大树上，隐进了树干里。

当悠扬的钟声敲响时，不远处的山洞口响起齐刷刷的脚步声。

木偶大军出动了。

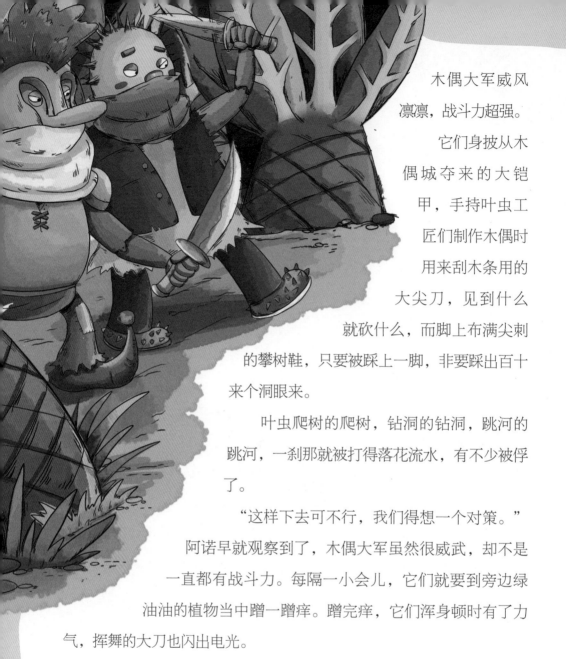

木偶大军威风凛凛，战斗力超强。它们身披从木偶城夺来的大铠甲，手持叶虫工匠们制作木偶时用来刮木条用的大尖刀，见到什么就砍什么，而脚上布满尖刺的攀树鞋，只要被踩上一脚，非要踩出百十来个洞眼来。

叶虫爬树的爬树，钻洞的钻洞，跳河的跳河，一刹那就被打得落花流水，有不少被俘了。

"这样下去可不行，我们得想一个对策。"

阿诺早就观察到了，木偶大军虽然很威武，却不是一直都有战斗力。每隔一小会儿，它们就要到旁边绿油油的植物当中蹭一蹭痒。蹭完痒，它们浑身顿时有了力气，挥舞的大刀也闪出电光。

叶虫红贝克摇摇头："它们根本不是在蹭痒，而是利用核能量植物的大叶子在补充能量。这种植物的叶片里滴出的可不是水珠，而是油脂，木偶的身体只有饱吸核能量油，才能充满力量，攻无不克，战无不胜。"

阿诺很高兴自己并不是木偶，而是一只有头脑的昆虫。

　　它一边躲闪一把劈头而下的大刀，一边问红贝克："怎么才能毁掉这些植物？"

　　红贝克直吐舌头："要知道，这些宝贵的植物可是制造木偶的重要原料之一，毁掉它们，我们就再也无法制造木偶了。"

　　见阿诺万分沮丧，它又叫道："别急，我有办法！这片地一字排开共生长着核能量植物14棵，每隔2米有1棵。当时，爸爸在植物下面铺了

一个隔层，将按钮按下，隔层里的机器就会阻断植物的根茎，不再提供水分，这样，它们就无法再出油。这是为了防止附近的鼹鼠家族偷油而设置的。鼹鼠偷油并不是为了护理机车，而是直接喝掉。这样一来，它们就会变得巨大无比，四处横行霸道。"

"按钮在什么地方？"刚躲过一把大刀戳刺的迪宝大叫道。

迪宝知道再不想办法让这些疯狂的家伙停止行动，它就要被砍成金龟子肉酱了。

红贝克的脸色有点儿难看："爸爸是按照这14棵植物首尾的总长度，设置了同样多的按钮，并将按钮不规则地分布在核能量植物四周。如果我们冒失地去关闭开关，总会有漏掉的，必须知道这片核能量植物的总长度，再迅速寻找按钮。"

迪宝拖着受伤的翅膀，陷入思考当中。

耳旁的求救声、挣扎声，令它无法集中精力，但一想到仙子岩的老父王，它立即全神贯注地思考起来，竟然没注意自己的腿上又多了一道伤口。

很快，它抬起头："在生活中，我们经常遇到这种问题，叫作植树问题。以植物为内容，研究植物的棵数、棵与棵之间的距离（棵距）和需要植树的总长度（总长）等数量间关系的问题，这称为植树问题。

"植树问题在生活中很有实际运用价值，其基本数量关系和解题的要点是：

"1.植树问题的基本数量关系：段与段之间距离×段数=总距离。

"2.在直线上植树要根据以下几种情况，弄清棵数与段数之间的关系：

（1）在一段距离中，两端都植树，棵数=段数+1；

（2）在一段距离中，两端都不植树，棵数=段数-1；

（3）在一段距离中，一端不植树，棵数=段数。

"3.在封闭曲线上植树，棵数=段数。"

木偶大军的行动越来越疯狂，只见硝烟四起，尘埃蔽空。

在这万分危急的时刻，阿诺夺过一把大刀，逼退了两个要袭击老叶虫的木偶："通过迪宝的分析，能看出，这片核能量植物，总长=棵距×段数，棵距是2米，段数是多少呢？两端都有核能量植物的话，段数=棵数−1=14−1=13，总长=2×13=26，核能量植物的总长有26米。"

得到这个结果，大家立即行动起来。

阿诺指挥年轻力壮的叶虫搀扶着年老体衰的叶虫，逃到树上去。它和伙伴们，则开始在核能量植物中寻找按钮，历经千难万险，终于找到了足够数量的按钮，并全都按了下去。

核能量植物没有了球状根茎的滋润，立即停止释放能量。

木偶大军不管怎么蹭，都没有蹭到油汁，不久，喘息呻吟着倒在地上，变回了普通小木偶。

这时红贝克才惊恐地发现："我爸爸不在这里！"

"它正蹲在我的木桶里洗澡呢。"

伙伴们抬起头，发现在半山腰的一个大巢穴里，坐着巨木偶贝帝，它正用大勺子不停地搅拌着什么东西。

第 6 章

幽灵蚂蚁

（两位数乘以两位数）

扫码领取
- 本书配套音频
- 数学单位课堂
- 数学学习方法
- 课后故事随身听

巨木偶贝帝边搅拌木桶里的老叶虫工匠亚德，边往它的身上撒各种药粉。

随着药粉渗透，亚德的身体鼓起了一个个蓝色的小包。

"它在干什么？"红贝克边往山上飞奔，边吼叫道，"再这样搅拌下去，爸爸会被它搅碎的。"

"更可怕的是，你爸爸身体里鼓起的蓝色小包，是一种菌。"迪宝回忆起在时光森林里看到的一切，"等到这些小包里生长出蓝色巨菇，你爸爸身体里的液体将被吸光，从而变成一副空壳。"

伙伴们跑到山腰上的大巢穴时，木桶里的老叶虫亚德已被提出来，摆在了一个阴暗的角落里。巨木偶贝帝为了让它的身上赶快生长出蘑菇，不仅平铺了一层苔藓，还不停地浇泉水。

只听"砰"的一声，一个蓝色的小包被顶开，一个蘑菇尖冒了出来。

"千万不能再让它生长下去。"迪宝吓得直发抖，"否则，老叶虫性命不保。"

红贝克吓得跑不动了："要怎样才能拯救爸爸？"

"只要用终日生活在地穴里的幽灵蚂蚁的唾液，在每一个小包上涂抹一下，"迪宝说，"这种菌就会消退下去。但必须在蘑菇生长出来以前。"

"可是，我们怎样才能知道爸爸身上究竟有多少个小包？"红贝克想去寻找幽灵蚂蚁的唾液，由于拿不准小包的数量，不敢动身。

"瞧，巨木偶为了知道一共能生长出多少朵蘑菇，在你爸爸身上一共画出12块生长区。"迪宝躲到一片矮树丛下，朝里面观望，"每块生长区有34个蓝包，一共就是34×12。"

"到底是多少个？"红贝克也跑到树丛下。

"想要很快计算出来，我们得先了解一下数学当中的两位数乘以两位数。"迪宝叫道。

红贝克认真地听着。

"学习数学对于我们来说是很重要的，"迪宝说，"尤其是用两位数乘以两位数的口算乘法。两位数乘一位数的口算方法有：

（1）把两位数分成整十数和一位数，用整十数和一位数分别与一位数相乘，最后把两次乘得的积相加。

（2）在脑中列竖式计算。

"整百整十数乘一位数的口算方法：

（1）先用整百数乘一位数，再用整十数乘一位数，最后把两次乘得的积相加。

（2）先用整百整十数的前两位与一位数相乘，再在乘积的末尾添上一个0。

（3）在脑中列竖式计算。

"一位数与10相乘的口算方法：

一位数与10相乘，就是把这个数的末尾添上一个0。

"这种速算方法，既可以开拓思维，又有效地提高了计算能力。"

"啊！"红贝克发现又
有一个小蓝包凸起，忍不住发出
一声尖叫。

现在必须争分夺秒，迪宝连忙计算
起来："12可以拆成10+2，34×12=34×
（10+2）=34×10+34×2=340+68=408，一
共有408朵蓝蘑菇。"

红贝克刚要跑走，听到迪宝口里传出一
声惊叫：

"天哪，麦朵居然也被扔到了木桶里。"

原来，麦朵在刚才的激战中，被一个木偶战士捉住，由飞机木偶押
送到了这半山腰上。

"它的身上有17块生长区，每块生长区有40个蓝包。"迪宝说，
"一共就是17×40个蓝包。"

"让我来算算，"蜂王阿诺不敢耽误时间，"40=4×10，
40×17=17×4×10=68×10=680。一共会生长出680朵蓝蘑菇。"

脑袋里装着这两个答案，红贝克和阿诺马上出发了。

迪宝则留下来，在暗中保护麦朵和老叶虫亚德。

在处处被木偶占领的森林里，逃过了一拨又一拨木偶的追捕后，阿诺和红贝克终于找到躲藏在地穴深处的幽灵蚂蚁王国，却发现想要得到幽灵蚂蚁的唾液，可不是那么简单。

幽灵蚂蚁终日生活在地穴里，它们拥有一个庞大的地下王国。

神秘王国的入口气派又森严，由缠人藤覆盖的巨大石墙上，共有五扇石门。每扇石门分别雕刻着一个凸起的符号：

□，○，△，☆，*

阿诺走过去，想敲响一扇门，红贝克拦住它："幽灵蚂蚁生性谨慎，从不欢迎陌生人闯入。据说，每一个图案代表一个数字，只有数字最大的那扇门，才是真正通往幽灵蚂蚁王国的入口。"

红贝克说："但凡跟幽灵蚂蚁有交情的人，都知道该走哪一扇门。如果陌生人随便闯入，走错了门，就会被门内机关放射出的暗器伤害。"

"再等下去，蘑菇就全都生长出来了。"阿诺着急地在这五扇小门前飞来飞去，突然发现每一扇石门上都有一组算式。

（1）□+5＝13-6；

（2）28-○＝15+7；

（3）3×△=54；

（4）☆÷3＝87；

（5）56÷＊＝7。

经过一番苦苦的思索，它叫道："我知道了，有'□'图案石门的门框上，有算式□+5＝13-6。也就是说，这算式'□'内所代表的数字，正是门上'□'图案所代表的数字。门上的每一个符号，都代表了

某一个数字。"

"所以，我们只要解开门上的一道道算式，就能够知道每个符号都代表什么数字。"红贝克高兴得蹦了起来，可是，马上它就皱起眉头，"我根本不知道怎么解。"

$$\begin{array}{r} A2 \\ -\ B \\ \hline 35 \end{array}$$

"别急。"蜂王阿诺在旅途中通过跟迪宝刻苦学习，已经掌握了许多数学知识。

它观察了一会儿，叫道："这跟数学中的横式数字谜有关。在一个数学式子（横式或竖式）中擦去部分数字，或用字母、文字来代替部分数字的不完整的算式或竖式，叫作数字谜题。解数字谜题就是求出这些被擦去的数或用字母、文字代替的数的数值。例如，求算式324+□=528中'□'所代表的数。根据'加数=和-另一个加数'可以知道，□=528－324=204。又如，求左边竖式中字母A、B所代表的数字。显然个位数相减时必须借位，所以，由12－B＝5知，B＝12－5＝7；由A－1＝3知，A＝3＋1＝4。解数字谜问题既能增强数字运用能力，又能加深对运算的理解，还是培养和提高分析问题能力的有效方法。"

"可究竟该怎么解呢？"红贝克听得一头雾水。

"解横式数字谜，首先要熟知下面的运算规则，"迪宝说，

（1）一个加数+另一个加数=和；

（2）被减数－减数=差；

（3）被乘数×乘数=积；

（4）被除数÷除数=商。

"由它们推演还可以得到以下运算规则：由（1）得：和−一个加数=另一个加数；其次，要熟悉数字运算和拆分。例如，8可用加法拆分为8=0+8=1+7=2+6=3+5=4+4；24可用乘法拆分为24=1×24=2×12=3×8=4×6（两个数之积）=1×2×12=2×2×6=……（三个数之积）=1×2×2×6=2×2×2×3=……（四个数之积）。"

红贝克动起脑筋，它突然惊喜地叫道："这石门上，（1）由加法运算规则知，□=13−6−5＝2。"

它飞到第二扇门前："（2）由减法运算规则知，○＝28−（15+7）＝6。"

"最多的一定是第三扇门了。"红贝克不等阿诺反应，就伸手去推第三扇门。

门"吱"的一声刚要被推开，就有一条巨蛇吐出芯子，险些吞掉红贝克，幸好阿诺反应灵敏，用尽全身力气掩上了石门。

红贝克瘫倒在地上，吓得直喘粗气，不停地抹着眼泪："抱歉，我太鲁莽了，如果只靠我自己，别说爸爸，连我也活不到明天。"

"好朋友就要互相帮助。"阿诺飞到石门前，"打起精神，谜底马

上就揭开了。你瞧，（3）由乘法运算规则知，$\triangle=54\div3=18$；（4）由除法运算规则知，$\Leftrightarrow=87\times3=261$。"

"等等，我知道。"红贝克扑上来，"（5）由除法运算规则知，$*=56\div7=8$。所以，数字最大的是第四扇门。"

两个伙伴忐忑地推开石门，惊喜地发现，里面果然没有机关和陷阱，是真正通往幽灵蚂蚁王国的入口。

时间不多了，它们飞快地朝里冲去，竟然没发现眼前的危险。

第 8 章
冰封魔法
（巧求面积）

扫码领取
- 本书配套音频
- 数学单位课堂
- 数学学习方法
- 课后故事随身听

"你们这两个鬼鬼祟祟的家伙，我盯着你们多时了……"

当一个低沉沙哑的声音传入阿诺和红贝克的耳朵里时，它们只感到身体一冰，被冻在了两个冰块里。

在它们身后，身穿蓝绿色袍子的幽灵蚂蚁炎灵，哆哆嗦嗦地收回两只手，手掌里还冒着凉气，把它的蓝绿色袍子都冻住了。

"幽灵蚂蚁从来不接待陌生来客。"幽灵蚂蚁炎灵的目光在红贝克身上多停留了一会儿，"咦？这个家伙有点眼熟，不过，我好像并没有见过。"

它合上飘浮在半空的魔法书，嘴里絮絮叨叨："这古老魔法，是蚁族世代传下来的，不到万不得已，不能使用。最近，森林里不太平，我的老朋友亚德送给我的那些木偶竟然活蹦乱跳地四处跑，真是不可思议。所以，我先拿你们两个练习一下魔法……"

听到这里，红贝克使劲地瞪起眼睛，想要开口讲话。

幽灵蚂蚁炎灵伸出手指一弹，一个气泡穿冰而入，跑进红贝克嘴里，使它能够讲话了。

"我就是木偶工匠亚德的儿子红贝克。"红贝克叫道，"我们联合起来，才能制服那些木偶。你们知道，只有我爸爸最了解它们身上的每一个关节。可是……"

幽灵蚂蚁炎灵听完红贝克的讲述后，吓得险些坐到地上："亚德快要死啦？"

"我们必须赶快去救它，"红贝克忍不住哭起来，"小蘑菇已经露头了。"

见另一个家伙好像在挣扎，炎灵哆哆嗦嗦地又弹出一个气泡。

蜂王阿诺能说话了，连忙叫道："快把我们放出去。"

"这……"炎灵急得直跺脚，"我正在研习魔法呢，还没学到将你们放出的那一页。"

它不停地翻看魔法书，由于太心急，导致怎么都无法在厚厚的魔法书上找到破解此魔法的那一页。

　　"还有没有别的办法？"

　　听阿诺这么一问，炎灵抬起头："困住你们的这两个冰块，是一个长方体和一个正方体。长方体冰块的一个面上刻有魔法符号。正方体冰块的一个面上也有魔法符号。"

　　阿诺和红贝克看到希望，不禁瞪起眼睛，一眨也不敢眨，认真听着炎灵说的每一个字。

　　"在蚂蚁王国的地下，有一个火山口，只有那里面的岩浆，才能融化这冰块。"炎灵说，"但要是背多了，我就会被烫死；要是少了，冰块化不了。去背前，我还得口念咒语。从小爷爷就教我背诵过很多的魔法咒语，只是不知是哪一个咒语才能管用。我只知道咒语和两个冰块上有魔法符号那一面的面积有关。只要知道它们的面积，我也许就能想起那个咒语。"

"可是，面积到底是什么意思？"红贝克听到这里早已绝望万分，它只懂得制木偶，根本不了解有关面积计算的知识。

阿诺的眼睛扫视了冰块一圈，停在有魔法符号的那一面："将有符号的这一面看作一个单独的图形，它的大小就是面积。物体的表面或封闭图形的大小叫作图形的面积。长方形和正方形面积的计算公式为：长方形的面积=长×宽；正方形的面积=边长×边长。解答有关图形面积的问题时，应该注意以下两点：①将未知变成已知；②将不规则图形变成规则图形。"

"好冷！"叶虫红贝克吸了吸鼻涕，"我的身子没有知觉了。"

阿诺也冻得张不开嘴巴，手指的疼痛更是令它无法集中精力。

更糟的是，它的下肢也没有知觉了，再这样下去，肯定会被冻掉。而更加可怕的是，亚德和麦朵还生死未卜。

阿诺不停地摇晃脑袋，以增加点热量："正方形和长方形的面积都是有公式可以计算的。冰块上有符号图案的长方形和正方形，就是两个封闭的图形。我们要求的正是它们的面积。你们看，这个正方形的

边长是3厘米，它的面积＝边长×边长＝3×3＝9（平方厘米）。再看这个长方形，它的长是4厘米，宽是2厘米，面积＝长×宽＝4×2＝8（平方厘米）。"

得到这个答案，幽灵蚂蚁炎灵飞快地在脑袋里搜索起来，很快，便找到了跟这两个数字相关的咒语，之后立即跑进黑暗的隧道里。它先后背着两小坨岩浆跑回来，将它们放到冰块有魔法符号的侧面，冰块立刻融化了，阿诺和红贝克获救了。

事不宜迟。

幽灵蚂蚁炎灵跟随阿诺和红贝克朝着木偶工匠被困的山腰赶去。

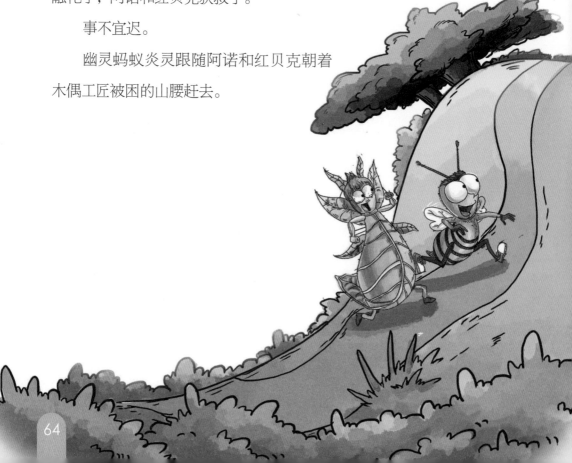

第 9 章

虫菌与
猫眼石

（面积单位）

扫码领取

• 本书配套音频
• 数学单位课堂
• 数学学习方法
• 课后故事随身听

令人沮丧万分的事情发生了。

由于路途上险阻重重，等阿诺带着幽灵蚂蚁炎灵赶到巨木偶贝帝的蘑菇地时，老叶虫亚德的身上不仅冒出许多小蘑菇，还长出两朵大蘑菇。它的身体非常虚弱，已经陷入昏迷。

一旁被埋在苔藓下面的麦朵，身上也长出两朵小蘑菇。

它爬起来乞求道："巨木偶贝帝摘走亚德身上的两朵蘑菇去做汤了。趁它还没回来，赶快救我们。"

幽灵蚂蚁炎灵沮丧地说："我来晚了，你们身上已经长出了蘑菇，也许我也无能为力了。"

红贝克想要背父亲，被炎灵拦住："千万别轻举妄动，你爸爸身上的这些蘑菇所含的养分，都来自它的身体里，万一再碰掉几朵，它真的要没命了。"

红贝克不由得一惊，近乎于哭地喊道："怎样才能救它们？"

"我有一个兄弟，它是黑蚂蚁王国的国王，你们赶快去找它，向它借用王宫祭坛里的猫眼石。"炎灵说，"猫眼石里面藏着一种神秘能量，能抑制你爸爸和麦朵身上的蘑菇继续生长。再去蚂蚁食库寻找虫菌，记住，最大面积那个房间里的虫菌年代最久远，虫菌是这种蘑菇的天敌。涂到蘑菇上，它们就会枯萎，养分重新流回到身体里。"

虽然巨木偶贝帝走了，却出现了三个木偶士兵。

木偶士兵冲上来想要制服小伙伴们，被炎灵的蚂蚁唾液麻痹，倒在了路边。

"它们睡不了几分钟，"炎灵看向迪宝、红贝克和阿诺，"你们必须在士兵醒来前，救下亚德和麦朵。"

仅剩这最后的希望，迪宝、红贝克和阿诺一刻也不敢耽误，星夜兼程赶到了黑蚂蚁王国。

听了它们的遭遇，蚁王取出了猫眼石。

红贝克连忙带上它朝森林里飞去。

蚁王带领迪宝和阿诺来到蚂蚁食库："哪一个房间最大，要你们自己去思考，因为这虫菌非常宝贵，从来没有白白送人的道理。"

迪宝在几个房间的门前走来走去。

只见上面标着有：

2平方厘米

10平方厘米

50平方分米

100平方分米

2平方米

"会不会是100平方分米？"阿诺冲到这个门前。

"想要知道答案，我们得先了解一下关于平方的问题。"金龟子迪宝按住它的手，"平方是面积的单位，边长是1厘米的正方形，它的面积就是1平方厘米；边长是1分米的正方形，面积就是1平方分米；边长是1米的正方形，面积就是1平方米。1平方米=100平方分米。"

迪宝刚说完，阿诺就惊叫道："我知道了！1平方分米=100平方厘米。2平方米比1平方米大，一定就比100平方分米大，所以，我们得进入面积是2平方米的房间。"

迪宝和阿诺扑上去推开门，只见无数个肥嘟嘟的、身体像海藻一样长着脚掌的绿色菌块，在微微摇晃。

它们背起足够数量的虫菌飞奔，按照炎灵的方法，果真让蘑菇地里的老木偶工匠亚德身体上的蘑菇枯萎，并从昏迷中清醒过来。木棉天牛麦朵也得救了。

它们刚要背上虚弱的老木偶工匠亚德和麦朵逃下山，就见那三个沉睡的士兵在地上翻滚起来。

在这木偶士兵身体下面，一个模样可怕、衣着古怪的木偶，从泥土里钻了出来。

"不！"红贝克惊叫，"是巫师木偶。"

第 10 章

巫师木偶

（年龄问题）

巫师木偶不好惹。

它反应灵敏，蜂王阿诺和金龟子迪宝几次出手，都没有碰触到它，不仅如此，这可怕的木偶还会使用咒语。

只见它的脑袋转起圈来，还抬起双臂忽上忽下地舞动，边转边念起咒语。

"我的脑袋！"迪宝尖叫道。

它惊恐地发现，自己的脑袋居然转到了身子后面，脊背变成了胸脯，而柔软的胸脯变成脊背，随时都有被攻击的危险。

很快，阿诺和红贝克的脑袋也转到了身后。

巫师木偶没有罢休，频频做出一些古怪的动作，嘴里不知念着什么东西，没过多久，阿诺的双手和双腿就挪移了位置，红贝克的触角还长到了肩膀上。

"再这样下去，我们会四分五裂，不知会变成什么可怕的怪物。"

就在迪宝说这句话时，它眼睁睁地看着自己胸上的两个硬壳，飞到了阿诺的肚子上，而阿诺的翅膀，移到了它的胸膛上。就这样移来移去，它们变得蜜蜂不像蜜蜂，金龟子不像金龟子，连脑袋里的想法也变得稀奇古怪。

巫师木偶发出邪恶的笑声，两只眼睛越来越蓝，浑身还冒出蓝雾："用不了多久，这片森林里就不会再有一只叶虫出来捣乱，而变成我们木偶的天下！"

它步步紧逼，走向老工匠亚德："虽然你们给了我们身体，却不允许残次品存在，瞧！"

当它充满仇恨地抬起一条腿的时候，老工匠不禁发出惊叫："瘸腿巫师——我早就把你烧了啊！"

"如果不是魔法，我就真的死了。"巫师木偶说，"正当我的身子在炎炎烈火中烧得直抽搐，突然感到脑袋一热，浑身有了力量，能跑步，能跳跃，就从熊熊火焰中逃了出来。之后，我悄悄潜入木偶城，为每一个木偶施了法术，从今天开始，我们木偶王国将越来越强大。"

巫师木偶大手一挥，将大家关押了起来。

它命令老木偶工匠亚德重新制作它的腿。

老木偶工匠亚德悄悄对红贝克说："我在制作它的时候，安装了一个神秘的小机关，这个机关控制它的大脑和四肢。只要让它身后的那个发条停止运转，即便再强大的魔法，也无法指挥这个巫师了。"

正在回忆中的亚德费力地转动着触角："我只记得巫师木偶40年前的年龄与我70年后的年龄之和是390岁，它50年后的年龄等于我30年前的年龄，可是，这木偶到底有多少岁？如果不是年代太久远，我一定记得——只要知道这个，我就可以毁掉它大脑和四肢里的发条。"

巫师木偶口中念念有词，它想将红贝克和阿诺、迪宝、麦朵，用魔法变成几只皮鼓，来庆祝木偶王国的诞生。在它的咒语下，几个伙伴的相貌开始有了改变，四肢往回收缩，肚子在变大变圆。

迪宝知道再这样下去，它们就真的变成皮鼓了，在慌乱中使劲地转起脑筋。

而阿诺想到了这一点："年龄问题是一类以'年龄为内容'的数学应

用题。年龄问题的主要特点是：二人年龄的差保持不变，它不随岁月的流逝而改变；二人的年龄随着岁月的变化，将增或减同一个自然数；二人年龄的倍数关系随着年龄的增长而发生变化，年龄增大，倍数变小。根据题目的条件，我们常将年龄问题化为'差倍问题''和差问题''和倍问题'进行求解。"

肚子圆滚滚的麦朵边跳边叫："也许是100岁。"

"'也许'可不行。"阿诺叫道，"巫师木偶40年前的年龄加40加50就是50年后的年龄，如果亚德老工匠70年后的年龄减70减30就是30年前的年龄，总数变为390+40+50-30-70=380（岁），相当于2倍量，这样，问题就可以解决了。"

为了不出差错，迪宝又列了一遍算式：

390+40+50-30-70=380（岁）

380÷2=190（岁）

190-50=140（岁）

190+30=220（岁）

"亚德老工匠今年220岁，巫师木偶今年140岁。"

得到答案后，老工匠借着为巫师木偶更换新腿的机会，悄悄毁坏了它身体里的发条。

巫师木偶再也无法控制自己的四肢和脑袋，它们软塌塌地耷拉了下来。

"不！"

在它绝望的叫喊中，只见一道蓝光闪出，邪恶魔法从巫师木偶的身体中蹿出，飞进了树丛里。

伙伴们刚要走，巫师木偶就抽抽嗒嗒地哭起来："救救我，救救所有的木偶吧！我们也有生命，我们能感受到喜怒哀乐。我们想搬进新主人家明亮的客厅。"

"它说得一点也不错。"老木偶工匠亚德叹口气，一脸不舍，"是我给了它们生命。它们原本该生活在新主人家明亮的客厅里。"

想救这些小木偶可不容易。

既然下定决心，迪宝、阿诺、红贝克与麦朵决定不管冒什么风险，都要勇敢地与邪恶黑天牛和九头蜥蜴斗争到底。

第11章

工匠墓地的宝石溪

（等差数列）

本书配套音频
数学单位课堂
数学学习方法
课后故事随身听

扫码领取

小勇士们的处境很艰难。

叶虫家族还有一半成员被关在木偶王国的牢房里。

虽然巫师木偶无法动弹了，但是老工匠并没有抛弃它，而是将它背到肩上："这些木偶是我制造出来的，只有我知道该怎么让它们停止疯狂的行动。"

"可是，邪恶魔法已经控制了我们的思想。"巫师木偶说，"我的兄弟姐妹，谁也不想变得和原来一样，呆呆地坐在充满阳光的客厅里。因为我们害怕有朝一日，等我们发霉、破损时，就会被一把火烧成灰烬。"

"真没想到，"老工匠亚德摇摇头，"可害怕又有什么办法？就算我们叶虫家族，也免不了生老病死。有些年头久远的木偶，还是我们的祖先制造的。"

"我知道一个办法，能让我们长生不死。"巫师木偶叫道。

在它的带领下，老工匠亚德和小勇士们来到了匠神山。

这里不仅埋葬着世代制造木偶的老工匠，还埋藏着老工匠制作木偶时所使用的工具。年头久了，这些工具有了灵性，使周围的泥土都闪烁着宝石一般的光辉。

"有一条红色的小溪，由匠神山里流出。"巫师木偶对老工匠说，"只要找到那条小溪，我们在里面打一个滚儿，就会变得跟你们一样有生命。"

迪宝望着匠神山的石阶，它一直通到山上去："这上面为什么标有数字？"

"秘密正在这里。"巫师木偶说，"我们由木偶城逃出后，最先来到了这里，一直在附近寻找那条小溪——从第一个石阶开始，一共有10个石阶标有数字，分别是1到10，1+2+3+4+5+6+7+8+9+10，这些数字相加的和，正是石阶上那条神秘的小溪的入口。"

老木偶工匠亚德不禁吃惊地叫道："真没想到！我们家族的秘密你们居然知道，你们是怎么

知道的？"

"别忘了我被制造出来许多年了。"巫师木偶说，"当年，你的父亲本想让我在溪水里浸泡一下，可刚放进一只脚它就后悔了。它砍掉了我那只脚，才让我变得一瘸一拐的。它并没有想到，那溪水会如此有威力，使我沾到灵气，比其他的木偶更会思考。"

被放在地上的巫师木偶突然惊恐地叫道："你们得赶快计算出结果。我们的脚步声惊醒了藏在石缝里的毒蜈蚣，它们正在往石缝外面爬，想袭击你们。这正是传说中的守墓生灵，只有红溪出现，才会消失。"

脚下的地面已经开始摇晃，一些黑色的、丑陋的脑袋摇摇晃晃地拱出石缝。

迪宝一边跌跌撞撞地飞，一边叫道："想要快速解题，我们得学习数学当中的等差数列知识。

按一定顺序排成的一列数就叫作数列。数列中的每一个数都叫作项，第一项称为首项，最后一项称为末项。数列中共有的项的个数叫作项数。

等差数列与公差：一个数列，从第二项起，每一项与它前一项的差都相等，这样的数列叫作等差数列，其中相邻两项的差叫作公差。"

"我的脚！"被袭击的麦朵的脚霎时就肿胀起来。

它顾不得脚痛，赶紧逃命，比它高大的毒蜈蚣的尾巴眼看着就要将它打翻在地。

"快飞！"迪宝边提醒大家边叫道，"如果不知道常用公式，我们就解不了题：

等差数列的总和=（首项+末项）×项数÷2

项数=（末项−首项）÷公差+1

末项=首项+公差×（项数−1）

首项=末项−公差×（项数−1）

公差=（末项−首项）÷（项数−1）

等差数列（奇数个数）的总和=中间项×项数。"

脚下乱成一片，麦朵受伤，无法飞行。

老工匠护着巫师木偶，情况也万分危急。

红贝克和阿诺全力保护着大家，毒蜈蚣则不停地发起攻击。

迪宝一个旋转，撞倒一条毒蜈蚣："在这个算式中，首项是1，末项是10，共有10项，我们知道这些就可以用等差数列求和公式计算了。"

"哦！快算出答案！"蜂王阿诺一声惨叫，倒在毒蜈蚣的牙齿下。

迪宝奋力冲去，与毒蜈蚣搏斗。

"计算方法是：

1+2+3+4+5+6+7+8+9+10

=（1+10）×10÷2

=11×5

=55。

"赶快去掀第55个石阶。"

老木偶工匠亚德一瘸一拐地爬上石阶，当它掀开第55个石阶的石板时，奇迹出现了。

可怕的毒蜈蚣钻回石缝，被打开的缺口处传来哗哗的流水声，在一道五彩光辉射出的同时，亚德扑上去，正看到一条红色的小溪由石阶底下的暗道里奔流而下。

它刚要抱起巫师木偶下去浸泡，就听到一阵大笑从头顶上方的树林里传来。

抬起头，老木偶工匠吓出一身冷汗。

巨木偶贝帝和一群小木偶争先恐后地从浓密的树丛中钻出，正充满期待地盯着打开的小溪入口。

　　"不！"巫师木偶一脸惊恐地发出尖叫，"千万不能让它们现在就下到这条小溪里。否则，被邪恶魔法控制的它们现在有多坏，以后永远都会这样坏。它们有了生命，就会更加肆意地破坏森林，毁坏土地，让这片森林永远失去安宁。"

　　木偶们迫不及待地走下来："让我们进去。"蜂王阿诺和迪宝飞上前阻止，木偶战士几个来回就将它们打倒。远处的森林里飘来一片蓝

雾，包裹住阿诺和迪宝，只见它们的身子迅速变小，被装进了一个翡翠小盒里。

"放我们出去！"迪宝用力砸盒壁。

它并没有引起盒子外面的木偶的注意，倒是从盒壁里走出一个木偶精灵。

"别费心思了。"这木偶精灵的身体是半透明的，脑袋上开着几朵白色的大花，使它看起来古里古怪的，连衣服也好像是一朵盛开的花。可它却是一个名副其实的木偶男孩，说话粗声粗气，"这个翡翠小盒是老工匠先人的宝贝，它们长途跋涉，到很遥远的国度去送木偶时，如果木偶又多又沉，就全都用法术变小，装进盒子里。不破解咒语，是逃不出去的。"

金龟子迪宝可是魔法家族里出来的家伙。

它不动声色地盯着木偶精灵："这一定很难……"

"到现在，还没有一个木偶能解开，从没有木偶逃出去过。"木偶精灵刚说完，这看似不大的翡翠盒里就出现很多黑影。

黑影慢慢清晰，变成了精巧的木偶。

"想要出去也不难，如果你们每个人步行的速度相同，2个木偶一起从这里走到外面要3小时，那么140个木偶一起从这里走出去，要多少小时呢？"

它话音刚落，翡翠盒就变得无比巨大，木偶们眼前出现了一条暗绿色的隧道，隧道看起来长极了，仿佛不走上3小时，绝不能够出去。

阿诺十分紧张。

它不停地在脑海里计算着，越算心里越没有底气。

面对木偶精灵不停的逼问，两个伙伴急出一身冷汗。

经过一番苦苦思索，迪宝抬起汗水淋漓的脑袋："在日常生活中，常有一些妙趣横生、带有智力测试性质的问题，例如：3个小朋友同时唱一首歌要3分钟，100个小朋友同时唱这首歌要几分钟？类似这样的问题一般不需要较复杂的计算，也不能用常规方法来解决，而常常需要用我们的灵感、技巧和机智获得答案。对于趣味问题，首先要读懂题意，然后要经过分析和思考，运用基础知识以及自己的聪明才智巧妙地解决——而我们此时遇到的，就是趣味问题。"

"别得意得太早，"精灵木偶板起面孔，"这可是生死攸关的大问题。如果算错，这条隧道就无限延长下去，你们永远也走不到尽头。瞧瞧！"

迪宝和阿诺望过去，发现隧道里的无数个木偶，全都瘦得皮包骨头，仿佛只剩下最后一丝气息。它们彼此搀扶，有的爬，有的一瘸一拐地往外走，全都没有放弃逃出去的希望。还有一些小木偶倒在地上，奄奄一息地叹着气，在对亲人的思念中不停地啜泣着。

见迪宝和阿诺一阵沉默，精灵木偶得意地昂起头："怕了吗？"

　　"我在思考，它们还有没有力气逃出去。"迪宝说完后，就冷静地分析起来，"2个木偶一起从这里走出去，需要3小时，也就是1个木偶从这里走到外面需要3小时；我们不能忽略，不管是140个木偶，还是250个木偶，一起从这里走到外面所用的时间与一个木偶所用的时间相同。所以，140个木偶一起从这里走到外面，还是用3小时。"

　　迪宝刚说完，眼前长得不见尽头的隧道里，突然射出无数道金光。

　　它们再看过去，是外面的阳光照射了进来。

　　咒语被破解，所有的木偶和迪宝、阿诺，都飞出翡翠小盒，纷纷坠落到老匠人先祖墓地所在的山谷里。

"捉住它们！"眼见着天降如此多的木偶，巨木偶贝帝下达命令，要所有的木偶战士行动起来，捉住四处奔逃的小木偶。

让它没想到的是，翡翠小盒里跑出的木偶，与被用邪恶魔法控制的木偶，你看看我，我瞧瞧你，都认出了彼此的亲人。它们抱在一起痛哭流涕，把仇恨的目光投向了巨木偶贝帝。

贝帝一脸惊恐，朝后退去，两只透射出蓝光的眼睛充满了邪恶。

爬到它脊背上的蜂王阿诺叫道："天哪！巨木偶竟然长出一颗蓝心脏。"

"不！那不是心脏，而是我们木偶城的能量球。"老工匠亚德叫道，"它正被九头蜥蜴用邪恶魔法变成贝帝的心脏。一旦这颗心脏完全长成，巨木偶贝帝就永远被邪恶魔法控制，再也变不回普通的木偶。"

只见木偶群里颤巍巍地走出一个老木偶："我的小孙孙！"令大家

没想到的是，巨木偶贝帝不但不认自己的爷爷，还扬起铁钳一般的大手，将它举到空中，重重地摔到地上。要不是阿诺和迪宝眼疾手快，救下老木偶，它就要被摔得四分五裂，变成一堆烂木块了。

老木偶伤心地大哭："我的孙子原来绝对没有这样坏，求你们救救它。"

"想要拯救它，也不是没办法。"亚德说，"这颗能量球心脏从刚种植到身体里到长成与巨木偶贝帝的身体匹配的大小，每天长大一倍，30天能长到200厘米。只要我们在长到50厘米时将一只食尸虫放进去，蓝心脏就会被吃个精光，能量球将重新显现。所以，现在我们必须知道长到50厘米时要用多少天。看样子，它的大小跟50厘米差不多……"

一听到这里，阿诺很着急："为什么偏要等到长到50厘米？现在下手不可以吗？"

亚德摇摇头："长到50厘米，这颗心脏才会长出左右心房，那时是它最薄弱的时候，承受不了食尸虫的攻击。"

巨木偶贝帝见没有木偶再听它的指挥，知道大事不妙，独自飞快地

走向石阶下的红溪。

没有人能够阻止这个体形巨大的家伙，迪宝慌忙将石阶上的石块重新盖好，使跑过去的贝帝无法准确找到小溪的入口。贝帝急得团团乱转，踩坏了好几个小木偶。

一片哀叫响彻山谷。

"不毁坏心脏，这片森林将永无宁日。"迪宝叫道，"让我来分析，这类问题其实很有趣。这样的问题一般不用较复杂的计算，也能用常规方法来解决，需要用我们的灵感、技巧和机智获得答案。对于趣味问题，首先要读懂题意，然后要经过分析和思考，运用基础知识以及自己的聪明才智巧妙解决。"

"也就是说……"老工匠期待地叫道。

它十分渴望拿回能量球，那样木偶城才能重现往日的辉煌。

"这颗蓝心脏每天长大一倍，说明第二天它的体积是第一天的2

倍。这颗心脏在第30天时，体积为200厘米，那么在第29天时，它的体积为200÷2=100厘米；在第28天时，它的体积为100÷2=50厘米。"迪宝叫道。

迪宝算出答案后，聪明的巫师木偶假装打开了红溪的石板，让贝帝上了当。它的一条腿深陷进淤泥里，导致身体无法动弹，只能等待第28天到来时，被迪宝和阿诺找来的食尸虫，吞吃掉可怕的蓝心脏。

这天到来之时，蓝心脏消失，能量球重新回到亚德的手中，正当大家以为邪恶魔法无法再控制巨木偶贝帝时，却发现它的眼睛还是蓝色的，透出邪恶的光芒。

很快，爬上去的红贝克发现："它的脑袋里面躲了一只蜥蜴！"

第 14 章

烟雾四起的
叶子城堡

（行程问题）

原来，邪恶黑天牛的兄弟九头蜥蜴正藏在巨木偶贝帝脑袋的发条里。

迪宝和阿诺飞上去，都被巨木偶眼睛里射出的虫子炮弹打落在地。九头蜥蜴操纵着巨木偶，疯狂地攻击着。

眼看着它就要将所有的木偶打倒之际，老工匠悄悄来到了贝帝身后，将它脚里的一个发条拆除。这个发条连接着贝帝脑袋里的操纵线，刚被拆除，虫子炮弹就发射不出来了。

九头蜥蜴发现了老工匠，它操纵巨木偶贝帝一拳将老工匠打翻在地，然后就迈开大步狂奔起来。

"如果再给我一点儿时间，"老工匠在晕倒前说，"我就能让它安静下来。"

迪宝和阿诺追过去，想让巨木偶贝帝停止奔跑。

因为在九头蜥蜴的操纵下，它四处践踏，踏死了森林里的许多生物。

更加可怕的是，它直奔木偶城而去，想一把火烧光整座城堡。

巨木偶贝帝的速度越来越快，眼看着像一阵风飘进森林深处。

"它使用了邪恶魔法。"迪宝惊叫道，"木偶城就在前面的树林里。如果贝帝在我们前方500米，我们每分钟跑600米，贝帝每分钟跑500米，我们追它，经过几分钟能够追上？只有知道正确的答案，这邪恶魔法才会被破解。否则，不管我们跑得多快，与它的行程都会相差100米，永远也追赶不上。"

蜂王阿诺用尽全身力气朝前冲刺，但还是不见巨木偶贝帝的身影，

只听到丛林里的树叶哗哗作响，那是贝帝奔跑时的刮擦声。

"再这样跑下去，你会累死的。"迪宝叫道，"我们得想办法破解这种疯狂的奔跑魔法，首先得了解数学当中的行程问题，尤其是行程问题之一的相遇问题。路程、速度、时间是行程问题中常常出现的量，它们有如下关系：

$$路程 = 速度 × 时间$$

"这一关系也可以写成：

$$速度 = 路程 ÷ 时间$$
$$或时间 = 路程 ÷ 速度$$

"相遇问题是行程问题中常见的问题之一，主要研究物体相向运动中的速度、时间和路程三者之间关系的问题，常用的基本数量关系是：

$$相遇路程 = 速度和 × 相遇时间$$

"这一关系也可以写成：

$$相遇时间 = 相遇路程 ÷ 速度和$$

"或：速度和 = 相遇路程÷相遇时间。"

"森林之钟要被贝帝摇倒了。"阿诺惊恐地发现远处的一棵古老大树，正在被剧烈地摇晃。

如果这棵树被摇倒，森林之钟被毁坏，那么整个森林都将毁灭。

它实在无法和迪宝一起动脑思考，只能用力狂扇翅膀。

迪宝也吓得浑身发抖，它一边奔跑一边思考，不时抬头观察扬尘与大树："我们与贝帝相距500米。我们每分钟跑600米，贝帝每分钟跑500米，我们的距离差是600-500=100（米）。"

阿诺已经学过追击问题。

但此时，森林里不时钻出一个个食人怪物，还有可怕的绿幽灵，它们不停地攻击它和迪宝，贝帝又做出如此疯狂的举动，让它无法集中精力思考问题。

"这一定是九头蜥蜴故意放出的。"迪宝叫道，"再过几分钟，如果我们还被困在这里，木偶城就变成一堆灰烬了。"

远远的看去，木偶城上方似乎升起了烟雾，有人在火烧木偶城。

原来，贝帝摇不倒森林之钟，就奔向了木偶城。

这可把迪宝和阿诺吓得不轻。

它们一面抵挡攻击的怪物，一面思考起来。

很快，迪宝叫道："500÷（600-500）= 5（分钟）。过5分钟，我们就能追上它。"

它话音刚落，就有一阵大风将它和阿诺裹起，带到了木偶城的脚下。

此时，巨木偶贝帝已经在九头蜥蜴的操控下，点燃了木偶城的叶子城墙，火越烧越旺，浓浓的烟雾蹿上天空，让整个森林里的生物都发现了这场可怕的灾难。

跑到木偶城下，迪宝和阿诺只感到脚下一空，掉进了一口深深的竖井里。

竖井上空不停地落下蓝色的雨点，蓝雨让它们的翅膀失去了飞翔的功能，只有顺着竖井的墙壁一步步地往上攀爬，才能逃出。

更加可怕的是，井壁上不时冒出一些黏滑的怪虫，啃咬它们的手指。

"这曾经是邪恶黑天牛的拿手好戏，叫通天牢房。"迪宝攀住井壁的钢丝网，边爬边躲避怪虫，"如今九头蜥蜴也开始拿它害人了。赶快爬，用不了多久，就会有一部可怕的电梯从头顶降下来。"

见迪宝的眼睛里全是惊恐，阿诺

不敢浪费时间，攀着钢丝网飞快地往上爬。

井壁上冒出许多长着蘑菇伞盖的生物，伞盖里能喷毒针，阿诺被射中的一只胳膊顿时没有了知觉。它害怕毒液会让自己的身体麻痹，于是爬得更快了。

钢丝网过于湿滑，一不小心，阿诺和迪宝又掉到了井底。

一部黑色的电梯由头顶压下。

"快躲开。"迪宝和阿诺躲进竖井的凹槽里，电梯在它们身边停下了。

电梯门打开了，阿诺和迪宝壮着胆子走进去，并按了第8层的按钮。

电梯载着它们上升到第4层就忽然停住了。

阿诺使劲按了几次按钮，电梯居然纹丝不动。

"想要让电梯继续上行，我们光按开关不行，"迪宝说，"还得往开关旁的电子屏里输入秒数。"

"秒数？"阿诺一惊。

"我们从第1层，爬到第4层，一共用了48秒。"迪宝说。

阿诺终于明白迪宝为什么要计时了。

"现在，我们得弄清楚，从4层到第8层，一共还需要多少秒。"

迪宝刚说完，电子屏就飞快地闪烁起来：8、7、6……

"这是在倒计时，说明电梯要打开门了。"迪宝叫道，"如果门打开了，井壁里那些可怕的小怪物就要进来了，说不定还有更可怕的事在等着我们。"

"一定还是48秒。"阿诺说着，迅速扑上去，想往电子屏输入数字。

迪宝一把按住阿诺的手："千万不能鲁莽。这跟数学的上楼梯问题有关。"

"上楼梯？"阿诺瞪大眼睛。

"解决上楼梯问题就是要考虑几个间隔，主要明白几楼与几层楼梯是不同的，从底层起，楼数比楼梯层数多1。即：

楼数=楼梯层数+1

楼梯层数=楼数-1

"锯木头的段数问题，主要是明白锯成的木头段数比锯木头的次数多1。

段数=次数+1

次数=段数-1

间隔数＝次数−1

"解决这类问题，先要考虑以上提到的这些差别，再选合适的解题方法，就很容易将难题解开。"迪宝说。

"迪宝，听你这么说，我明白了。"阿诺叫道，"电梯上一层楼需要48÷（4−1）=16（秒），而我们刚才从第1层到第4层，实际上只上升了3层，因为第1层也算是1层。从第4层到第8层共有8−4=4（层），还需要的时间是16×4=64（秒）。"

"你说得没错，"迪宝边输入数字64边说，"我们还需要64秒才能到达第8层。"

它刚输入完数字，电梯就开始上升了，将它们顺利地送到了地面上。

第 16 章

通天牢房

（逆解应用题）

邪恶黑天牛的兄弟没想到，这两个家伙居然活着逃出了它的通天牢房。要知道，里面可是险象丛生，布满了各种陷阱。

木偶城的一个三角形小城堡，已经在大火中变成了一片废墟，巨木偶贝帝将从里面背出的金银珠宝，全都装进了一只大袋子里，此时正背着它狂奔而去。

"它准是要逃回时光森林了。"赶来的老工匠亚德瘸着腿心痛地叫道。

"赶快救火。"迪宝边叫边用树叶桶提来的水灭火。

"先不要忙着救火。"老工匠脸色惨白，"听我说，那堆珠宝里，有我们世代相传的制造木偶的工具。被它偷走，它就会制造出成千上万

个木偶，在邪恶魔法的操纵下，恐怕整个昆虫王国将要被它们摧毁。"

迪宝刚要去追贝帝，又被老工匠叫住："制造木偶的宝贝工具，是祖上传下来的，为了防止别人偷去制造木偶，不用时就将它们变成珠宝放在仓库里。"

"那就将所有的宝贝都夺回来。"阿诺说。

"可是，如果它被调了包，我们就没有办法了。"

老工匠的话令大家心烦意乱，一时间没了主意。

见小伙伴们又要追上去，老工匠亚德急忙叫住它们："我记得半个月前，我去储存工具时，第一天我将12千克重的工具变成了宝石，第二天变的重量比剩下的一半少12千克，结果还剩下72千克工具没来得及变成宝石。只要知道这三角形小城堡里原来的工具一共有多重，如果它被调包了，我们就能及时发现。"

"这跟数学的逆推问题有关。"迪宝想了一下说。

它一边思考，一边指挥着大家救火。

在成千上万的木偶的帮助下，叶虫家族总算将大火扑灭了。

现在，它们都把期盼的目光投到迪宝身上。

"这道难题应该用逆推法，从后向前推算，就可以得出答案。逆解应用题也就是还原问题，一般根据加减法或乘除法的互逆运算关系，按题目所叙述的顺序倒过来思考，从最后一个已知条件出发，逆推而上，求得结果。"

"它走远啦。"亚德蹦着跳着，观望着贝帝逃走的方向。

迪宝也很心急，它走走又停停："想解开这道题，我们可以列出这样的算式。

$$72 \div 2 - 12 + 72 + 12$$

$$= 36 + 72$$

$$= 108（千克）。"$$

"听你这么说，我记起来啦，"老工匠亚德叫道，"仓库里的工具确实是108千克。勇士们，赶快行动吧！"

　　在迪宝和阿诺的带领下，红贝克率领它的千万木偶大军，一起冲向九头蜥蜴和贝帝逃跑的方向。

　　九头蜥蜴看到密密麻麻的木偶大军朝自己冲来，顿时吓得手足无措，放出一批食人花和吃虫怪物，最后放出了一个巨大的摇摇晃晃地奔跑着专门吃昆虫的大怪物。

　　可勇敢的迪宝和阿诺一点也不怕，它们左躲右闪，帮助木偶们打退这些怪物。

　　阿诺趁巨木偶贝帝低头的瞬间，飞进了它的脑袋里。

　　九头蜥蜴正坐在它的魔力飞毯上，操纵着千万个发条，被阿诺的突然袭击吓了一大跳，顾不得珠宝与巨木偶贝帝，独自乘坐着飞毯逃走了。

贝帝没有了邪恶魔法的控制，又变得安安静静的，坐在地上不动了。为了让它拥有生命，勇士们提来红溪水。身上被溪水浸泡后，它眨眨眼睛站起来，乖乖地听从红贝克的指挥，将宝石袋子背回了木偶城。

　　老工匠亚德紧张地在宝石堆里翻翻拣拣，小伙伴们连大气也不敢喘，生怕制造木偶的工具已被九头蜥蜴盗走。

　　它们惊喜地发现，一道白光从老工匠亚德的手里闪出，当咒语由它口里吐出后，宝石变回了亮闪闪的工具。现在，它们再也不用害怕九头蜥蜴会制造出可怕的邪恶的木偶大军了，于是欢天喜地地展开了修建木偶城的工作。